BEI GRIN MACHT SICH IHR WISSEN BEZAHLT

- Wir veröffentlichen Ihre Hausarbeit, Bachelor- und Masterarbeit

- Ihr eigenes eBook und Buch - weltweit in allen wichtigen Shops

- Verdienen Sie an jedem Verkauf

Jetzt bei www.GRIN.com hochladen und kostenlos publizieren

Bibliografische Information der Deutschen Nationalbibliothek:

Die Deutsche Bibliothek verzeichnet diese Publikation in der Deutschen National-bibliografie; detaillierte bibliografische Daten sind im Internet über http://dnb.d-nb.de/ abrufbar.

Dieses Werk sowie alle darin enthaltenen einzelnen Beiträge und Abbildungen sind urheberrechtlich geschützt. Jede Verwertung, die nicht ausdrücklich vom Urheberrechtsschutz zugelassen ist, bedarf der vorherigen Zustimmung des Verlages. Das gilt insbesondere für Vervielfältigungen, Bearbeitungen, Übersetzungen, Mikroverfilmungen, Auswertungen durch Datenbanken und für die Einspeicherung und Verarbeitung in elektronische Systeme. Alle Rechte, auch die des auszugsweisen Nachdrucks, der fotomechanischen Wiedergabe (einschließlich Mikrokopie) sowie der Auswertung durch Datenbanken oder ähnliche Einrichtungen, vorbehalten.

Impressum:

Copyright © 2019 GRIN Verlag
Druck und Bindung: Books on Demand GmbH, Norderstedt Germany
ISBN: 9783346066367

Dieses Buch bei GRIN:

https://www.grin.com/document/508353

Christopher Kohn

Multiple Sklerose und Anti-NMDA-Rezeptor Enzephalitis

Erkrankungen des Zentralen Nervensystems

GRIN Verlag

GRIN - Your knowledge has value

Der GRIN Verlag publiziert seit 1998 wissenschaftliche Arbeiten von Studenten, Hochschullehrern und anderen Akademikern als eBook und gedrucktes Buch. Die Verlagswebsite www.grin.com ist die ideale Plattform zur Veröffentlichung von Hausarbeiten, Abschlussarbeiten, wissenschaftlichen Aufsätzen, Dissertationen und Fachbüchern.

Besuchen Sie uns im Internet:

http://www.grin.com/

http://www.facebook.com/grincom

http://www.twitter.com/grin_com

Geschwister-Scholl-Gymnasium　　　　　　　　　　　　　　　Schuljahr 2019/20

Seminarkurs Wissenschaftspropädeutik
Biologie

Multiple Sklerose und Anti-NMDA-Rezeptor Enzephalitis

Christopher Kohn

04.　　　　　　　　　　September　　　　　　　　　　2019

Inhaltsverzeichnis

1. Einleitung 3
2. Immunsystem 5
    2.1 Aufbau 5
    2.2 Immunreaktion 6
    2.3 Autoimmunerkrankung 8
3. Multiple Sklerose 9
    3.1 Symptomatik 9
    3.2 Ätiologie 10
    3.3 Trigger 12
    3.4 Therapieverfahren 13
4. Anti-NMDA-Rezeptor Enzephalitis 15
    4.1 Symptomatik 15
    4.2 Ätiologie 16
    4.3 Trigger und Therapieverfahren 17
5. Fazit 19
6. Literatur- und Quellenverzeichnis 20
Anhang 22

1. Einleitung

Der Mensch tritt im Laufe seines Lebens mit unzähligen Mikroorganismen wie Viren und Bakterien in Kontakt. Einige unter ihnen sind harmlos, andere können lebensgefährdende Erkrankungen auslösen. Das Risiko an einer Infektionserkrankung zu erkranken, steigt durch den stetigen Bevölkerungszuwachs, Tourismus und Klimawandel kontinuierlich an. Diese Entwicklung wird in Zukunft noch an Bedeutung gewinnen. Um sich vor diesen Krankheitserregern schützen zu können, besitzt der Mensch ein Immunsystem, welches eine Kontamination des Körpers durch Mikroorganismen zu verhindern vermag. So laufen innerhalb eines Tages lokale Immunreaktionen in beträchtlicher Anzahl ab und gewähren somit unser Überleben. Doch was geschieht, wenn sich eine so mächtige Waffe gegen den eigenen Organismus richtet?

Der allgemeine Aufbau des humanen Immunsystems und die Funktions- und Wirkungsweisen der Immunzellen sind weitestgehend medizinisch erforscht. Daher liegt der Forschungsschwerpunkt dieser Arbeit auf den außergewöhnlichen Phänomenen hinsichtlich unseres Immunsystems. Immunbiologische Fragestellungen, welche zum aktuellen Stand der Medizin noch nicht vollständig beantwortet werden können, etablieren sich insbesondere in Bereichen der Autoimmunerkrankungen. Die Präsenz der Autoimmunerkrankungen steigt und daher auch die Erwartungen an die medizinische Forschung. So sind allein in der Bundesrepublik Deutschland über 10 Millionen Menschen von einer autoimmun bedingten Erkrankung betroffen[1].

Autoimmunerkrankungen weisen eine starke Varianz in ihren Erscheinungsformen auf. Aus diesem Grund sollen innerhalb dieser Arbeit insbesondere die Auswirkungen neurologischer Autoimmunerkrankungen auf den humanen Organismus untersucht und detailreich, mit aufklärender Wirkung, dargestellt werden. Dadurch soll ein präzises Resultat erreicht werden, welches ein Verständnis für die Komplexität dieser Art von Erkrankung ermöglicht. Hierzu werden die neurologischen Autoimmunerkrankungen Multiple Sklerose und Anti-NMDA-Rezeptor Enzephalitis herangezogen, welche anhand ihrer charakteristischen Symptomatiken beschrieben werden. Die Frage nach dem Ablauf der durch diese Erkrankungen ausgelösten neuroimmunologischen Vorgänge und deren Effekt auf die psychischen und physischen Voraussetzungen des Menschen soll innerhalb der Arbeit beantwortet werden, um kausale Abhängigkeiten zwischen der Ätiologie und den Symptomatiken aufzuzeigen. Um die

---

[1] Vgl. Auerswald, Martin: „Was sind die häufigsten Autoimmunerkrankungen?". https://autoimmunportal.de/die-haeufigsten-autoimmunerkrankungen/, (letzter Zugriff: 28.06.2019).

Bildung eines fundierten Urteils zu ermöglichen, werden zu Beginn der Arbeit Kenntnisse über den Aufbau und die Funktionsweise des Immunsystems vermittelt sowie der Ablauf einer Immunreaktion veranschaulicht. Ausgehend davon werden die neurologischen Autoimmunerkrankungen im Anschluss charakterisiert und deren Therapieverfahren vorgestellt.

2. Immunsystem

2.1 Aufbau

Der humane Organismus besitzt ein komplexes System aus Abwehrmechanismen, um sich vor schädlichen Mikroorganismen wie Viren, Bakterien, Pilzen und Würmern zu schützen und einen Übergriff dieser Fremdkörper auf sich und seine Gewebe- und Organstrukturen zu vermeiden. Es bewirkt somit, dass Infektionskrankheiten, welche durch diese als Antigene wirkenden Fremdstoffe ausgelöst werden, verhindert beziehungsweise zum Erliegen gebracht werden können. Zudem ist es dem Organismus möglich gegen fehlerhafte und krankhaft veränderte, körpereigene Zellen vorzugehen, diese unschädlich zu machen und eine Vermehrung zu unterbinden. Somit beugt dieses System Gewebeschädigungen und daraus resultierenden Funktionsstörungen einzelner Körperzellen bis hin zu Organsystemen vor.

Eine immunbiologische Betrachtung ermöglicht es, die Gesamtheit all dieser Abwehrmechanismen unter dem Immunsystem zusammenzufassen. Dieses System ist essenziell, um das Überleben höherer Lebewesen zu gewährleisten, da nahezu alle Lebewesen mit ihrer Umwelt interagieren und somit auch Mikroorganismen ausgesetzt sind. Das Immunsystem selbst besteht aus vielzähligen Zelltypen bis hin zu komplexen Organsystemen. Das Lymphatische System bildet dabei die Basis unserer Immunabwehr. Über die Lymphbahnen stehen die Lymphorgane miteinander in Verbindung. In diesen findet, „wie auch im Blut, die Antikörperbildung durch Lymphozyten statt"[2]. Die Immunzellen können sich entlang der Blut- und Lymphbahnen frei bewegen, liegen aber auch stationär in den Lymphorganen wie Knochenmark, Thymusdrüse und Lymphknoten vor. Alle Zellen der Immunabwehr entstammen dem Knochenmark.

Das Immunsystem kann grob in zwei Einheiten unterteilt werden, da der Mensch sowohl ein unspezifisches (angeborenes) als auch ein spezifisches (adaptives) Abwehrsystem besitzt. Die unspezifische Immunabwehr ist angeboren und die Struktur der einzelnen Immunzellen daher im Genom festgelegt. Diese Immunzellen weisen keine Spezifität gegenüber den auf der Membranoberfläche der Erreger lokalisierten Antigenen auf. Daher ist es ihnen möglich gegen einen Großteil von Krankheitserregern vorzugehen. Einige können allerdings auch nicht erkannt beziehungsweise vollständig eliminiert werden. Das unspezifische Abwehrsystem sorgt somit für eine fundamentale Resistenz gegen eine Vielzahl von Erregern.

---

[2] Dr. Kleesattel, Walter: *Biologie*. 6. Auflage, Cornelson, 2014, S. 173.

Diese Resistenz wird zusätzlich über chemische und physikalische Barrieren, wie den Säureschutzmantel der Haut oder den mit Flimmerhärchen besetzten Schleimhäuten verstärkt. Zu den Immunzellen der unspezifischen Immunabwehr zählen mitunter die Leukozyten, darunter Phagozyten wie Makrophagen und Dendritische Zellen[3]. Letztere werden aufgrund ihrer Funktion auch häufig als Fresszellen bezeichnet. Die spezifische Immunabwehr bildet sich, im Gegensatz zur unspezifischen, erst im Verlauf des Lebens durch Immunreaktionen heraus und wird daher im nachfolgenden Kapitel genauer erläutert.

Intakte Körperzellen besitzen auf ihrer Membranoberfläche MHC-Molekularstrukturen (Haupthistokompatibilitätskomplex), auf denen sie körpereigene Antigene präsentieren und dadurch von Immunzellen als körpereigene Zellen identifiziert werden können. Infizierte und krankhaft veränderte Körperzellen, aber auch antigenpräsentierende Zellen (APC) besitzen ebenfalls MHC-Molekularstrukturen, um veränderte Antigenstrukturen beziehungsweise körperfremde Antigene anzeigen zu können. Durch das Präsentieren von Antigenen wird es den Zellen des Immunsystems ermöglicht erkrankte Körperzellen selektiv zu erkennen. Somit können Erreger und bereits infizierte Zellen von gesunden Körperzellen durch das Immunsystem unterschieden werden[4].

2.2 Immunreaktion

Gelangt ein als Antigen wirkender Erreger in den Organismus und kann nicht (vollständig) von der unspezifischen Immunabwehr bekämpft werden, so lösen die Zellen des unspezifischen Immunsystems eine spezifische Immunreaktion aus. Der Fremdkörper wird von einem Phagozyten, beispielsweise einer Dendritischen Zelle, umhüllt und enzymatisch abgebaut. Der Erreger wird phagozytiert und somit unschädlich gemacht. Im Zuge dieses Abbaus werden einige „Bruchstücke des Antigens [...] an die Membranproteine [(MHC-Molekularstrukturen) der Dendritischen Zelle] gebunden"[5]. Dadurch wird der Phagozyt zur antigenpräsentierenden Zelle. Diese Zelle gelangt über die Lymphbahnen zu den Lymphorganen, in denen die Lymphozyten stationär vorzufinden sind. Diese stellen die Zellen des spezifischen Immunsystems dar. Auf der Membranoberfläche der Lymphozyten,

---

[3] Vgl. Dr. Kleesattel, Walter: *Biologie*. 6. Auflage, Cornelson, 2014, S. 172-176.

[4] Vgl. Spektrum.de: „MHC-Moleküle". https://www.spektrum.de/lexikon/biochemie/mhc-molekuele/3966, (letzter Zugriff: 28.06.2019).

[5] Dr. Kleesattel, Walter: *Biologie*. 6. Auflage, Cornelson, 2014, S. 177.

hierzu zählen die T- und B-Lymphozyten, befindet sich eine große Anzahl an Rezeptoren. Zu beachten ist, dass ein einzelner T- oder B-Lymphozyt vielzählige Rezeptoren auf seiner Oberfläche besitzt, wobei diese jeweils für ein und dasselbe Antigen spezifisch sind. Daher stimuliert die antigenpräsentierende Zelle nur passende, naive T- und B-Lymphozyten. Eben genau diese, welche die für das Antigen spezifischen Rezeptoren auf ihrer Membranoberfläche vorweisen und sich chemisch an das Antigen binden können. Explizit binden die T- und B-Lymphozyten sich dabei über ihre T- (TCR) und B-Zell-Rezeptoren (BCR) an das Antigen, welches durch die Dendritische Zelle präsentiert wird. Hierbei gilt das Schlüssel-Schloss-Prinzip. Der Stimulation folgt eine Vermehrung der T-Lymphozyten, welche sich zu cytotoxischen T-Zellen und T-Helferzellen differenzieren. Diese T-Zellen zerstören infizierte Körperzellen und setzen Interleukine (Gewebshormone) frei, welche die B-Lymphozyten zu antikörperbildenden Plasmazellen differenzieren lassen[6]. Die daraufhin gebildeten Antikörper erkennen ihre spezifischen Antigene oftmals nicht an ihrer gesamten Struktur, sondern vielmehr an bestimmten Abschnitten dieser selbst, den Epitopen. Nach der Bildung eines Antigen-Antikörper-Komplexes, wobei sich die spezifischen Antikörper an die Paratope der Erreger gebunden haben, kann dieser leichter von den Fresszellen erkannt und aufgenommen werden. Gleichzeitig setzen die cytotoxischen T-Zellen Zytokine und Perforine frei, welche das Zellwachstum des Erregers oder der erkrankten Körperzelle hemmen und deren Membran zerstören. Somit wird die Apoptose (kontrollierter Zelltod) eingeleitet. Regulatorische T-Zellen, welche sich ebenfalls aus den T-Lymphozyten differenzieren, hemmen die Immunreaktion in ihrer Umgebung, um den eigenen Organismus vor einem ausartenden Abbau an Körperzellen zu schützen. Schlussendlich führen diese Mechanismen zu einem Eliminieren der Erreger und erkrankten Zellen (Abb. 1). Zusätzlich bilden die T- und B-Lymphozyten Gedächtniszellen aus, in denen die Immunantwort auf das jeweilige Antigen gespeichert ist und somit bei einer Reinfektion eine schnellere und effektivere Immunreaktion bewirkt werden kann[7]. Man bezeichnet diesen Vorgang als immunologisches Gedächtnis.

---

[6] Vgl. Spektrum.de: „B-Zell-Entwicklung". https://www.spektrum.de/lexikon/biologie/b-zell-entwicklung/11461, (letzter Zugriff: 28.06.2019).

[7] Vgl. Dr. Neulingen, Jürgen Braun; Dr. Penzberg, Diethard Baron; u.A.: *Biologie Heute*. Schroedel, 2011, S. 208-218.

Die durch die Immunreaktion gebildeten Antikörper und T-Zellen sind spezifisch für das von der antigenpräsentierenden Zelle übermittelte Antigen[8]. Daher handelt es sich um eine spezifische Immunreaktion, welche gegen ein bestimmtes Antigen gerichtet ist. Diese Vorgänge beschreiben demnach die Entwicklung des adaptiven Immunsystems, welches sich im Verlauf des Lebens aus der angeborenen Immunabwehr herausbildet. Dabei stellen die spezifische Antikörpersynthese und die Bildung der Gedächtniszellen eine bedeutsame Entwicklung dar.

2.3 Autoimmunerkrankung

Autoimmunerkrankungen beschreiben im weitesten Sinne eine gestörte Toleranz des Immunsystems gegenüber dem eigenen Organismus. Hierbei lassen sich Parallelen zu einer Immunreaktion auf ein als Antigen wirkenden Fremdstoff ziehen.

Während des Heranreifens der Immunzellen, insbesondere der T-Lymphozyten in der Thymusdrüse, werden diejenigen Immunzellen, welche bei diesem Vorgang bereits auf körpereigene Strukturen (körpereigene Antigene) reagieren, selektiert und vernichtet. Dies ist essenziell, um eine zentrale Toleranz gegenüber eigenen Körperzellen zu entwickeln[9]. Immunzellen, die gegen gesunde, körpereigene Strukturen vorgehen und somit an Autoimmunerkrankungen beteiligt sind, bezeichnet man als autoreaktive Zellen. Die von ihnen gebildeten Antikörper und folglich angegriffenen Areale werden als Autoantikörper beziehungsweise Autoantigene betitelt.

Trotz des Schutzmechanismus ist es möglich, dass einige autoreaktive Immunzellen in die Blut- und Lymphbahnen gelangen. Häufig können sie dort von regulatorischen T-Zellen dauerhaft gehemmt werden. Dadurch wird eine Autoimmunreaktion verhindert. Findet dieser Vorgang allerdings nicht statt und trifft die autoreaktive Immunzelle auf ihr spezifisches Autoantigen, so wird eine Autoimmunreaktion ausgelöst[10]. Wie bei einer regulären

---

[8] Vgl. Helmholtz Zentrum München: „Aufbau und Funktion des Immunsystems".
https://www.allergieinformationsdienst.de/immunsystem-allergie/grundlagen-des-immunsystems.html, (letzter Zugriff: 28.06.2019).

[9] Vgl. Izcue, Ana: „Immuntoleranz im Darm". https://www.mpg.de/4733111/Immuntoleranz_im_Darm, (letzter Zugriff: 28.06.2019).

[10] Vgl. Delves, Peter J.: „Autoimmunerkrankungen". https://www.msdmanuals.com/de-de/heim/immunst%C3%B6rungen/allergische-reaktionen-und-andere-hypersensitivit%C3%A4tsst%C3%B6rungen/autoimmunerkrankungen, (letzter Zugriff: 28.06.2019).

Immunreaktion werden T- und B-Lymphozyten aktiviert, welche durch Differenzierung autoreaktive cytotoxische T-Lymphozyten und Autoantikörper gegen körpereigene Strukturen bilden. Anschließend werden die betroffenen Autoantigene durch die Immunzellen abgebaut oder auf andere Weise in ihrer Funktion beeinträchtigt. Dies führt häufig zu Funktionsstörungen und Funktionsverlusten gesamter Gewebestrukturen und Organsystemen.

3. Multiple Sklerose

3.1 Symptomatik

Die Multiple Sklerose ist eine autoimmun bedingte, entzündlich neurologische Erkrankung des Zentralen Nervensystems, für die eine fokale Demyelinisierung der Nervenzellfortsätze, den Neuriten, charakteristisch ist. Ausgelöst wird diese durch eine Fehlfunktion des körpereigenen Immunsystems. Diese Autoimmunreaktion führt dazu, dass die für die Erregungsleitung essenziellen Markscheiden, welche als elektrisch isolierende Bestandteile der Nervenzellfortsätze dienen, stark geschädigt und an den jeweiligen Entzündungsherden, durch autoreaktive Immunzellen, abgebaut werden. Aufgrund dieses Abbaus spricht man von axonaler Destruktion, beziehungsweise von axonalen Verlusten[11]. Bei dieser Art von Erkrankung sind demnach multiple Entmarkungsherde im Zentralnervensystem nachweisbar (Abb. 2). „Die Läsionen betreffen bevorzugt den Sehnerv, Hirnstamm, das Rückenmark, Kleinhirn und die die Gehirnventrikel umgebenden Areale"[12]. Aufgrund der erhöhten Sensibilität gegenüber Anfälligkeiten des Nervensystems, können verschiedenste Verlaufsformen der Multiplen Sklerose, als auch Symptome beim jeweilig betroffenen Individuum auftreten.

Sämtliche Lebensfunktionen werden über das vegetative Nervensystem autonom reguliert. Zudem werden sphärische Reize über die Sinnesorgane aufgenommen und über sensorische Nervenbahnen beziehungsweise über das somatische Nervensystem an das Zentralnervensystem weitergeleitet, wo diese verarbeitet und interpretiert werden. Erst nach diesem Vorgang ergibt sich eine für das Lebewesen nützliche Information, basierend auf dem extern aufgenommenen Reiz. Einer Beeinträchtigung dieses komplexen Systems durch eine Schädigung der Nervenbahnen, wie durch den Abbau der Myelinscheiden, folgen demnach

---

[11] Vgl. Dr. Kip, Miriam; Schönfelder, Tonio; u.A.: *Weißbuch Multiple Sklerose*. Springer, 2016, S. 3.
[12] Ebd. S. 3.

neurologische Ausfallerscheinungen. Diese sind je nach Lokalisation des Entzündungsherdes durch eine Beeinträchtigung der Motorik oder des Seh- und Sprechvermögens gekennzeichnet, lösen aber auch Taubheitsgefühle in den Extremitäten, im Bereich des Abdomens und des Thorax aus, welche sich zu Paresen (unvollständige Lähmungen) entwickeln können. Vermehrt treten auch neurokognitive Störungen, wie Wahrnehmungs- und Bewusstseinsstörungen auf, die sich bis hin zu psychischen Symptomatiken ausbilden können[13].

Signifikant für die Multiple Sklerose sind allerdings schubartige Verlaufsformen, bei denen diese neurologischen Ausfallerscheinungen in Schüben auftreten, mindestens vierundzwanzig Stunden anhalten und sich anschließend eigenständig zurückbilden. Der Abstand zwischen zweien dieser Schübe beträgt mindestens dreißig Tage[14].

3.2 Ätiologie

Die genauen Ursachen, welche der Autoimmunreaktion zugrunde liegen, sind trotz intensiver medizinischer Forschung noch nicht geklärt. Aktuelle Erkenntnisse besagen, dass „verschiedene Umweltfaktoren in genetisch prädisponierten Menschen eine Störung in der Immunantwort auslösen"[15] und dadurch vorwiegend Immunzellen des adaptiven Immunsystems körpereigene Strukturen angreifen und schädigen. Explizit gehen hierbei T- und B-Lymphozyten gegen das am Myelinscheidenaufbau beteiligte basische Myelinprotein (MBP) und das Myelin-Oliogodendrozyten-Protein (MOG) vor[16]. Diese Proteine stellen in diesem Fall die spezifischen Autoantigene der T- und B-Lymphozyten dar. Die Antigen-Antikörper-Reaktion ruft eine Entzündung des Gewebes hervor, welche schlussendlich zum vollständigen Abbau der Myelinscheide führt. Beispielsweise können die benannten „T-Zellen Makrophagen [durch vorherige Aktivierung der B-Lymphozyten] aktivieren, die die Myelinscheiden sowie [die Neuriten] direkt angreifen"[17]. Regulatorische T-Zellen scheinen in diesem Zusammenhang ebenfalls fehlgesteuert zu sein. Aus diesem Grund kommt es zu

---

[13] Vgl. Dr. Voß, Elke; Dr. Witte, Torsten; u.A.: *Autoimmunerkrankungen in der Neurologie*. Springer, 2. Auflage, 2018, S. 7-12.

[14] Vgl. Ebd. S. 7-12.

[15] Dr. Kip, Miriam; Schönfelder, Tonio; u.A.: *Weißbuch Multiple Sklerose*. Springer, 2016, S. 3.

[16] Vgl. De Giglio, L.; Reindl, M.; Tomassini, V.; u.A.: "Anti-myelin antibodies predict the clinical outcome after a first episode suggestive of MS", *Multiple Sclerosis*. Verlag unbekannt, 9 / 2007, S. 1086–1094.

[17] Dr. Voß, Elke; Dr. Witte, Torsten; u.A.: *Autoimmunerkrankungen in der Neurologie*. Springer, 2. Auflage, 2018, S. 7.

keiner Suppression der Autoimmunreaktion. Anschließend laufen ähnliche Vorgänge, wie bei einer regulären Immunreaktion (sh. Kapitel 2.2 und 2.3) ab.

Dieses Phänomen hat zur Folge, dass die Geschwindigkeit der Erregungsleitung erheblich abnimmt und somit die Informationsverarbeitung im Zentralnervensystem gestört wird. Zu begründen ist dies mit der Funktionsweise der Myelinscheiden. Die Myelinscheiden bilden eine elektrisch isolierende Struktur, welche einen Großteil an humanen Neuriten umhüllt. Zwischen diesen Myelinscheiden sitzt der Ranvier'sche Schnürring, ein von den Myelinscheiden nicht umhüllter Abschnitt auf den Neuriten. Hier findet, vom Axonhügel ausgehend, die Polarisation der Membranabschnitte am Neurit statt. Ein erregter und ein unerregter Membranabschnitt liegen nebeneinander. Durch die unterschiedliche Ladungsverteilung im intra- und extrazellulären Raum kommt es zur Ausbildung von Kreisströmen. Diese ermöglichen die Depolarisation des nächstliegenden, unerregten Membranabschnittes und ein Ausbilden des Aktionspotenzials an dieser Membran. Der zuvor erregte Membranabschnitt erlangt sein Ruhepotential zurück. Neuriten, deren Membranen mit Myelinscheiden überzogen sind, können elektrische Potenziale um ein Vielfaches schneller weiterleiten, da die Stellen, an denen die Myelinscheiden sitzen, übersprungen werden können. Man spricht von einer saltatorischen Erregungsleitung.

Nach einer vorangeschrittenen Demyelinisierung der Neuriten durch die Multiple Sklerose kann lediglich eine kontinuierliche Erregungsleitung erfolgen. Das hat zur Folge, dass die Geschwindigkeit der Weiterleitung an elektrischen Potenzialen erheblich abnimmt. Ohne Myelinscheiden muss jeder Membranabschnitt einzeln, durch eine Art Kettenreaktion der Depolarisation, erregt werden. Entlang der Neuriten können keine Abschnitte übersprungen werden, um das elektrische Potenzial schlussendlich auf eine Muskel-, Drüsen- oder andere Nervenzelle zu übertragen (Abb. 3). Man nehme als Beispiel ein elektrisches Potenzial, welches über saltatorische Erregungsleitung auf einen Muskel übertragen wird. Nach Erhalt dieses Signals übt der Muskel eine Bewegung aus. Ist die Weiterleitung des elektrischen Potenzials allerdings nur über eine kontinuierliche Erregungsleitung möglich, so wird die Signalübertragung gehemmt. Dadurch können Taubheitsgefühle im betroffenen Muskel auftreten. Es kommt zu Bewegungseinschränkungen. Dies belegt die im vorherigen Kapitel beschriebenen Symptome. Die allgemein verlangsamte Erregungsleitung begründet ebenfalls die weiteren neurokognitiven Beeinträchtigungen sowie etwaige Störungen der Sinneswahrnehmung. Die Aufnahme von Reizen beansprucht zu viel Zeit, als das diese interpretiert werden könnten.

Das schubartige Auftreten der Symptome konnte noch nicht geklärt werden. Naheliegend ist, dass andere Nervenzellen, welche untereinander innerhalb eines neuronalen Netzes verbunden sind und ähnliche Funktionen besitzen, die Funktionen der geschädigten Nervenbahnen temporär übernehmen. Teilweise kann der Organismus auch selbstständig durch Remyelinisierung gegen die Demyelinisierung vorgehen[18]. Dies erklärt auch, wieso sich die neurologischen Symptome zu Beginn der Krankheit häufig wieder vollständig zurückbilden. Bei einem Fortschreiten der Erkrankung können immer mehr fokale Demyelinisierungsherde in kürzeren Zeitintervallen im Zentralnervensystem auftreten. Somit kommt es zu einer kontinuierlichen und umfangreicheren Beeinträchtigung des Zentralnervensystems in seiner Funktion und zu bleibenden neurologischen Defiziten. Diese schubartige und häufigste Verlaufsform der Multiplen Sklerose bezeichnet man auch als Relapsing Remitting MS (RRMS - Schubförmig Verlaufende MS). Verlaufsformen der Multiplen Sklerose, bei denen sich die Symptome ohne ein eindeutiges Auftreten von Schüben verstärken und den Organismus kontinuierlich schwächen, bezeichnet man als Primary Progressive MS (PPMS - Primär Progrediente MS). Bei einer quantitativen Abnahme der eigentlichen Schübe, einer lediglich schwachen Rückbildung der auftretenden Symptome und einer anhaltenden Schädigung des Organismus, bezeichnet man die Verlaufsform als Secondary Progressive MS (SPMS - Sekundär Progrediente MS)[19] (Abb. 4).

3.3 Trigger

Die Entstehungsmechanismen der Multiplen Sklerose sind noch nicht vollständig geklärt. Es ist anzunehmen, dass eine genetische Prädisposition sowie einige Umweltfaktoren den Ausbruch dieser Autoimmunerkrankung fördern. Umweltfaktoren, die am wahrscheinlichsten mit der Multiplen Sklerose in Verbindung stehen, sind ein Vitamin-D-Mangel und Ernährungsgewohnheiten, welche mit einer erhöhten Kochsalzzufuhr einhergehen[20]. Beide dieser Stoffe haben eine immunmodulatorische Wirkung. „Eine Assoziation zwischen Kochsalzzufuhr und MS-typischen Läsionen ist bislang im Tiermodell nachgewiesen"[21].

---

[18] Vgl. Dr. Kip, Miriam; Schönfelder, Tonio; u.A.: *Weißbuch Multiple Sklerose*. Springer, 2016, S. 3.

[19] Vgl. Pfeiffer, Stephanie: "Multiple Sklerose: Schübe und Verläufe". *Heilberufe*. 3 / 2019, S. 30f.

[20] Vgl. Dr. Kip, Miriam; Schönfelder, Tonio; u.A.: *Weißbuch Multiple Sklerose*. Springer, 2016, S. 4f.

[21] Ebd. S. 4.

Durch eine erhöhte Zufuhr an Natriumchlorid wird die Membran der empfindlichen Blut-Hirn-Schranke geschädigt. Gleichzeitig kommt es zu einem Kapazitätsanstieg proinflammatorischer T-Zellen[22]. Diese Beschädigungen machen es Immunzellen möglich in Gehirnareale vorzudringen, deren Zugang ihnen unter normalen Bedingungen verwehrt ist. Gelingt es einer autoreaktiven Zelle sich in diese Gehirnareale einzuschleusen, kann eine Autoimmunreaktion hervorgerufen werden, welche zu einer für die Multiple Sklerose charakteristischen Demyelinisierung führt. Die Demyelinisierung wird durch den Kapazitätsanstieg entzündungsfördernder T-Zellen zusätzlich verstärkt.

Vitamin D besitzt einen Einfluss auf die Stimulation regulatorischer T-Zellen sowie auf die Synthese proinflammatorischer Botenstoffe[23]. So werden bei einem Vitamin-D-Mangel weniger regulatorische T-Zellen stimuliert und vermehrt entzündungsfördernde Botenstoffe freigesetzt, was einen Ausbruch der Erkrankung begünstigt.

Eine Infektion mit dem Ebstein-Barr-Virus (EBV) sowie Tabakkonsum zählen ebenfalls zu den möglichen Risikofaktoren. Untersuchungen zeigten, dass das „relative Risiko eine MS zu entwickeln [...] bei Rauchern im Vergleich zu Nichtrauchern um das 1,5-Fache erhöht"[24] ist. Das Ergründen der genauen Ursachen stellt dabei das Ziel aktueller Studien dar.

3.4 Therapieverfahren

Die Therapieform ist individuell auf die Verlaufsform der Multiplen Sklerose des jeweiligen Patienten abgestimmt. Ziel der Therapie ist es, die relative Häufigkeit der Schübe zu minimieren und akute Schübe zu behandeln, um einen gemilderten Verlauf dieser zu erreichen und den Verbleib neurologischer Defizite zu verhindern. Da diese Aspekte innerhalb der Therapie vereint werden, bezeichnet man die Therapie als Stufentherapie. Dabei gliedert sich diese „in die verlaufsmodifizierende Therapie (Schubprophylaxe) und die Therapie des akuten Schubes bei schubförmig verlaufender Erkrankung"[25]. Um das primäre Behandlungsziel zu erreichen und dem Betroffenen eine weitaus autonome Lebensweise zu ermöglichen, werden ihm Arzneimittel verabreicht, welche eine Autoimmunreaktion

---

[22] Vgl. Dr. Voß, Elke; Dr. Witte, Torsten; u.A.: *Autoimmunerkrankungen in der Neurologie*. Springer, 2. Auflage, 2018, S. 4.

[23] Vgl. Ebd. S. 5.

[24] Dr. Kip, Miriam; Schönfelder, Tonio; u.A.: *Weißbuch Multiple Sklerose*. Springer, 2016, S. 5.

[25] Dr. Kip, Miriam; Schönfelder, Tonio; u.A.: *Weißbuch Multiple Sklerose*. Springer, 2016, S. 59.

unterdrücken. Aus diesem Grund spricht man ebenfalls von einer Immunsuppressionstherapie. Dabei kommen die Arzneimittel Alemtuzumab und Azathioprin vermehrt zum Einsatz. Alemtuzumab ist ein Antikörper, welcher sich an die Membranoberfläche der Lymphozyten bindet. Dadurch hemmt er diese in ihrer Funktion und eine Differenzierung wird unterbunden. Folglich können keine Autoantikörper oder andere durch Zellteilung entstehende autoreaktive Zellen gebildet werden. Azathioprin hemmt ebenfalls die Differenzierung und Aktivierung der Lymphozyten. Demnach wird eine (Auto-)Immunreaktion unterdrückt. Beide Arzneimittel verhindern allerdings auch, dass Antikörper gegen andere Krankheitserreger gebildet werden können. Aus diesem Grund ist das Risiko der Patienten, während der Therapie an infektiös bedingten Krankheiten zu erkranken, erhöht[26].

Um akute Schübe zu behandeln, werden die oben genannten Arzneimittel sowie weitere Medikamente verabreicht, die die während eines Schubes auftretenden Symptome mildern. Bei langanhaltenden Schüben werden physiotherapeutische Maßnahmen eingeleitet, welche Bewegungstherapien und Rehabilitationsmaßnahmen beinhalten. Ergotherapien und Patientenschulungen sind ebenfalls Bestandteile der Behandlung.

Die Multiple Sklerose ist zum aktuellen Stand der Medizin noch nicht heilbar. Dem Patienten wird aber durch einen frühzeitigen Therapiebeginn ein weitestgehend beschwerdefreies Leben ermöglicht. Daher ist es bedeutsam nach einer erstmalig auftretenden Demyelinisierung (CIS - klinisch-isoliertes Syndrom) eine Therapie zu beginnen. Je früher die Therapie begonnen wird, desto höher sind die Chancen auf einen milderen Krankheitsverlauf. Zudem können ein Umschlagen in eine RRMS verzögert und bleibende neurologische Defizite vorerst vermieden werden[27].

---

[26] Vgl. Ebd. S. 58.

[27] Vgl. Dr. Kip, Miriam; Schönfelder, Tonio; u.A.: *Weißbuch Multiple Sklerose*. Springer, 2016, S. 56-61.

4. Anti-NMDA-Rezeptor Enzephalitis

4.1 Symptomatik

Die Anti-NMDA-Rezeptor Enzephalitis ist eine autoimmun bedingte, entzündlich neurologische Erkrankung des Zentralen Nervensystems. Sie geht mit einer Veränderung neuronaler Oberflächenstrukturen der Postsynapse einher. Dabei greifen Autoantikörper die in der Postsynapse stationär vorliegenden NMDA-Rezeptoren an, welche bedeutsam für die Erregungsleitung sind. Die Autoimmunreaktion bewirkt dadurch einen Funktionsverlust dieser Rezeptoren. Bei Untersuchungen der Gehirnaktivität betroffener Patienten zeigten sich vermehrt „elektroenzephalographische [(EEG-)] Veränderungen mit einem temporalen Fokus oder einer generalisierten Verlangsamung"[28]. Wie auch bei der Multiplen Sklerose bilden sich im Verlauf der Erkrankung neurologische Defekte heraus, welche für eine große Varianz an Symptomatiken verantwortlich sind.

Der Krankheitsverlauf stellt eine in Stufen gegliederte Entwicklung dar, wobei die Erkrankung häufig mit einem grippeähnlichen Vorstadium beginnt. Während dieser Zeit weist der Patient Kopfschmerzen, Schlaf- und Appetitlosigkeit auf. Im weiteren Verlauf kommen Symptome, wie Bewusstseinsstörungen und Störungen des Kurzzeitgedächtnisses hinzu. Epileptischen Anfällen, krampfend ausgeführten Bewegungsanomalien sowie dem Schneiden von Grimassen folgen psychotische Phänomene. Stimmungsschwankungen, Wahnvorstellungen und Halluzinationen machen sich bemerkbar[29]. Ohne Behandlung können diese Symptome weitere, schwerwiegende neurologische Ausfallerscheinungen hervorrufen. „Während oder nach dieser Phase schließt sich eine Episode an, in der die Patienten nicht auf Ansprache reagieren und stumm sind, [...] die Augen meist geöffnet haben [, aber] nicht auf visuelle Reize reagieren [...]"[30].

Eine Differenzialdiagnose zu stellen ist schwer, da das breite Spektrum der Symptome oftmals auf andere Erkrankungen schließen lässt. Zudem liegt der Fokus zumeist auf den

---

[28] Arolt, V.; Dalmau, J.; Dr. Prüß, H.; u.A.: "Anti-NMDA-Rezeptor-Enzephalitis", *Der Nervenarzt*. Springer Medizin, 4 / 2010, S. 396.

[29] Vgl. Ebd. S. 396-400.

[30] Arolt, V.; Dalmau, J.; Dr. Prüß, H.; u.A.: "Anti-NMDA-Rezeptor-Enzephalitis", *Der Nervenarzt*. Springer Medizin, 4 / 2010, S. 398.

psychotischen Auffälligkeiten. Fehldiagnosen, wie bipolare affektive Störung (BAS), Schizophrenie oder drogeninduzierte Psychose[31] werden häufig gestellt.

4.2 Ätiologie

Autoantikörper, die im Zuge einer Autoimmunreaktion gebildet wurden (sh. Kapitel 2.2 und 2.3) und gegen den N-Methyl-D-Aspartat-Rezeptor im Zentralnervensystem vorgehen, sind ursächlich für das Auftreten der beschriebenen Enzephalitis. Explizit bewirken die, während der Autoimmunreaktion von autoreaktiven Plasmazellen gebildeten, Autoantikörper hierbei eine Funktionsstörung der neuronalen NMDA-Rezeptoren[32].

Der NMDA-Rezeptor ist ein ligandengesteuerter Kationenkanal und besitzt an seiner Oberfläche eine NR1- und NR2-Untergruppe. Glycin und Glutamat stellen die zugehörigen Liganden dar, welche die Öffnung des Ionenkanals herbeiführen. Dabei müssen sich die Liganden zeitgleich an die Untergruppen binden, wobei sich Glycin an die NR1-Untergruppe und Glutamat an die NR2-Untergruppe bindet. Zudem besitzt der Kationenkanal einen Kanalblocker (CB), welcher durch ein Magnesium-Ion dargestellt wird. Dieses Ion befindet sich in der Pore des NMDA-Rezeptors, ist spannungsabhängig und schwindet bei einer aufbauenden Polarisation. Anschließend ist der Ionenkanal geöffnet. Dies ist essenziell, um eine Signalübertragung an der chemischen Synapse zu ermöglichen[33].

Die Erregungsübertragung an interneuronalen, chemischen Synapsen mit primär auftretenden AMPA- und NMDA-Rezeptoren in der postsynaptischen Membran läuft schrittweise ab. (Das Zurückerlangen des Ruhepotenzials wird zum besseren Verständnis vernachlässigt.)

Ein Aktionspotenzial wird über saltatorische Erregungsleitung (sh. Kapitel 3.2) zu einem Synapsenendknöpfchen geleitet. Daraufhin öffnen sich spannungsgesteuerte Ionenkanäle, welche Kationen in die Präsynapse einströmen lassen. Dieser Vorgang bewirkt ein Verschmelzen der synaptischen Vesikel mit der präsynaptischen Membran und die Neurotransmitter Glutamat und Glycin werden ausgeschüttet. Diese diffundieren über den synaptischen Spalt zu den in der postsynaptischen Membran vorzufindenden AMPA- und

---

[31] Vgl. Ebd. S. 398.

[32] Vgl. Lang, Katharina; Dr. Prüß, H.: "Anti-NMDA-Rezeptor-Enzephalitis - eine wichtige Differenzialdiagnose", *InFo Neurologie & Psychiatrie*. 18 / 2016, S. 40-46.

[33] Vgl. Arolt, V.; Dalmau, J.; Dr. Prüß, H.; u.A.: "Anti-NMDA-Rezeptor-Enzephalitis", *Der Nervenarzt*. Springer Medizin, 4 / 2010, S. 396-407.

NMDA-Rezeptoren. Nach Bindung von Glutamat an den AMPA-Rezeptor öffnet sich dieser und extrazelluläre Kationen gelangen in die Postsynapse. Gleichzeitig binden sich die Liganden Glutamat und Glycin an den NMDA-Rezeptor. Nach vorangeschrittener Polarisation der Postsynapse, durch die Öffnung des AMPA-Rezeptors, schwindet der Kanalblocker und der NMDA-Rezeptor öffnet sich. Nun können unter anderem positiv geladene Calcium-Ionen in die Postsynapse einströmen und die Polarisation wird verstärkt. Das Aktionspotenzial wird weitergeleitet.

Die im Zuge der Autoimmunreaktion gebildeten Autoantikörper richten sich gegen ein Epitop des NR1-Komplexes des NMDA-Rezeptors und bewirken dessen Abbau (Abb. 5). Gleichzeitig verringern sie die Anzahl der NMDA-Rezeptoren an der postsynaptischen Membranoberfläche durch Internalisierung. Als Konsequenz ist dieser in seiner Funktion eingeschränkt. Die T-Lymphozyten besitzen dabei nur eine untergeordnete Rolle. Ein Ausfall des NMDA-Rezeptors ermöglicht, nach der vorangegangenen Erklärung der synaptischen Erregungsübertragung, nur die Ausbildung eines schwachen Aktionspotenziales in der Postsynapse und hemmt dadurch die Erregungsleitung. Das erklärt die im vorhergehenden Kapitel dargestellten Symptomatiken. Die Informationsübertragung im Zentralnervensystem wird gehemmt und Grundprinzipien der Informationsverarbeitung über neuronale Netze werden außer Kraft gesetzt. Folglich können die Betroffenen nicht auf sphärische Reize reagieren, da diese nicht verarbeitet werden können (sh. Kapitel 3.2). Gleichzeitig können die beschriebenen Bewegungsanomalien und psychotischen Symptome auftreten.

4.3 Trigger und Therapieverfahren

Bei vielen an der Anti-NMDA-Rezeptor Enzephalitis erkrankten Patienten kann ein Karzinom nachgewiesen werden, welches ursächlich für die Erkrankung ist. Untersuchungen ergaben, dass einige dieser Tumore Nervenzellen enthielten. Bei einer Vielzahl von Patienten tritt nach durchgeführter Entfernung des Karzinoms eine Linderung der Symptome auf. Wie genau das Karzinom mit der Autoimmunerkrankung in Verbindung steht, konnte allerdings noch nicht geklärt werden. Auffällig ist, dass bei anderen Patienten kein solcher Trigger bestimmt werden konnte. Aus diesem Grund sind die Auslöser, welche dieser Autoimmunerkrankung zugrunde liegen, noch relativ ungeklärt, aber Forschungsgegenstand aktueller Studien.

Die Therapieverfahren lassen sich mit denen der Multiplen Sklerose vergleichen (sh. Kapitel 3.4). So werden ebenfalls immunmodulatorische Medikamente verabreicht, welche primär eine Autoimmunreaktion unterdrücken sollen. Da Antikörper und somit auch Autoantikörper Proteine darstellen, werden den Patienten häufig Glucocorticoide verabreicht, welche die Umwandlung von Proteinen in Glucose fördern und somit einen Abbau der Autoantikörper bewirken. Folglich können diese den NMDA-Rezeptor nicht mehr beeinträchtigen.

Die NMDA-Rezeptor Enzephalitis ist zum aktuellen Stand der Medizin noch nicht heilbar. Die auftretenden Symptome sind bei frühzeitigem Therapiebeginn aber oftmals reversibel. Um einen Rückfall zu vermeiden, müssen die Patienten allerdings weiterhin mit Medikamenten behandelt werden[34].

---

[34] Vgl. Alfering, J.; Almetsphahic, D.; Dr. Kovac, S.; u.A.: "Update Anti-N-Methyl-D-Aspartat-Rezeptor-Enzephalitis", *Der Nervenarzt.* Springer Medizin, 1 / 2018, S. 99-109.

5. Fazit

Neurologische Autoimmunerkrankungen und die damit einhergehenden Autoimmunreaktionen haben desaströse Auswirkungen auf den humanen Organismus. Sie bewirken durch kleinste Veränderungen im Zentralnervensystem enorme Defizite beim betroffenen Individuum, welche sich durch psychische und physische Beeinträchtigungen abzeichnen. Ohne die frühzeitige Aufnahme einer Therapie würde sich der Gesundheitszustand des Erkrankten gravierend verschlechtern, sodass eine gesellschaftliche Teilhabe nicht möglich wäre.

Zusammenfassend ergaben die Recherchen, dass die Autoantikörper, welche im Zuge der Autoimmunreaktionen gebildet werden, das Hauptaugenmerk der beschriebenen Autoimmunerkrankungen darstellen. Sowohl bei der Anti-NMDA-Rezeptor Enzephalitis als auch bei der Multiplen Sklerose bewirken diese einen direkten beziehungsweise indirekten Abbau des Autoantigens. Dennoch besitzen die Autoantikörper hinsichtlich der Anti-NMDA-Rezeptor Enzephalitis einen höheren Stellenwert, da diese nahezu allein am aktiven Abbau des NMDA-Rezeptors beteiligt sind und somit eine Einschränkung in der essenziellen Erregungsleitung bewirken. Die Autoimmunreaktion, welche ursächlich für die Multiple Sklerose ist, bewirkt weitaus komplexere Abbauvorgänge neurologischer Strukturen, unter dem eine Vielzahl autoreaktiver Immunzellen beteiligt sind.

Beide Erkrankungen rufen dennoch ähnliche Symptomatiken und ausartende Einschränkungen in der Vitalität des Erkrankten hervor. Bei einer Beeinträchtigung der Erregungsleitung innerhalb des Nervensystems durch den Verlust synaptischer oder neuronaler Gewebestrukturen, wie bei der Anti-NMDA-Rezeptor Enzephalitis oder der Multiplen Sklerose, werden Veränderungen des menschlichen Bewusstseins und der physiologischen Voraussetzungen erkennbar. Unsere Persönlichkeit und Vitalität werden dabei in all ihren Facetten eingeschränkt.

Um diesen Verlust der Persönlichkeit und Vitalität entgegenzuwirken, sind neurologische Autoimmunerkrankungen zentrale Forschungsgegenstände der modernen Medizin. Die Entwicklung von innovativen Medikamenten und effektiveren Verfahrensformen zur therapeutischen Behandlung neurologischer Autoimmunerkrankungen stehen dabei im Mittelpunkt. Vielleicht wird es durch diese Forschungsarbeit möglich sein, ein Medikament zu entwickeln, welches gezielt gegen autoreaktive Immunzellen eingesetzt werden kann und eine universelle Anwendungsmöglichkeit für autoimmun bedingte Erkrankungen bietet.

Angesichts unseres rasanten medizintechnischen Fortschrittes könnten diese hypothetischen Überlegungen in naher Zukunft bereits Gegenstand praktischer Therapieformen sein.

6. Literatur- und Quellenverzeichnis

1. Alfering, J.; Almetsphahic, D.; Dr. Kovac, S.; u.A.: "Update Anti-N-Methyl-D-Aspartat-Rezeptor-Enzephalitis", *Der Nervenarzt*. Springer Medizin, 1 / 2018.
2. Arolt, V.; Dalmau, J.; Dr. Prüß, H.; u.A.: "Anti-NMDA-Rezeptor-Enzephalitis", *Der Nervenarzt*. Springer Medizin, 4 / 2010.
3. Auerswald, Martin: „Was sind die häufigsten Autoimmunerkrankungen?". https://autoimmunportal.de/die-haeufigsten-autoimmunerkrankungen/, (letzter Zugriff: 28.06.2019).
4. De Giglio, L.; Reindl, M.; Tomassini, V.; u.A.: "Anti-myelin antibodies predict the clinical outcome after a first episode suggestive of MS", *Multiple Sclerosis*. Verlag unbekannt, 9 / 2007, S. 1086–1094.
5. Delves, Peter J.: "Autoimmunerkrankungen". https://www.msdmanuals.com/de-de/heim/immunst%C3%B6rungen/allergische-reaktionen-und-andere-hypersensitivit%C3%A4tsst%C3%B6rungen/autoimmunerkrankungen, (letzter Zugriff: 28.06.2019).
6. Helmholtz Zentrum München: "Aufbau und Funktion des Immunsystems". https://www.allergieinformationsdienst.de/immunsystem-allergie/grundlagen-des-immunsystems.html, (letzter Zugriff: 28.06.2019).
7. Izcue, Ana: "Immuntoleranz im Darm". https://www.mpg.de/4733111/Immuntoleranz_im_Darm, (letzter Zugriff: 28.06.2019).
8. Dr. Kip, Miriam; Schönfelder, Tonio; u.A.: *Weißbuch Multiple Sklerose*. Springer, 2016.
9. Dr. Kleesattel, Walter: *Biologie*. 6. Auflage, Cornelson, 2014.
10. Lang, Katharina; Dr. Prüß, H.: "Anti-NMDA-Rezeptor-Enzephalitis - eine wichtige Differenzialdiagnose", *InFo Neurologie & Psychiatrie*. 18 / 2016.
11. Dr. Neulingen, Jürgen Braun; Dr. Penzberg, Diethard Baron; u.A.: *Biologie Heute*. Schroedel, 2011.
12. Pfeiffer, Stephanie: "Multiple Sklerose: Schübe und Verläufe". *Heilberufe*. 3 / 2019.
13. Spektrum.de: "B-Zell-Entwicklung". https://www.spektrum.de/lexikon/biologie/b-zell-entwicklung/11461, (letzter Zugriff: 28.06.2019).

14. Spektrum.de: "MHC-Moleküle". https://www.spektrum.de/lexikon/biochemie/mhc-molekuele/3966, (letzter Zugriff: 28.06.2019).
15. Dr. Voß, Elke; Dr. Witte, Torsten; u.A.: *Autoimmunerkrankungen in der Neurologie*. Springer, 2. Auflage, 2018.

Anhang

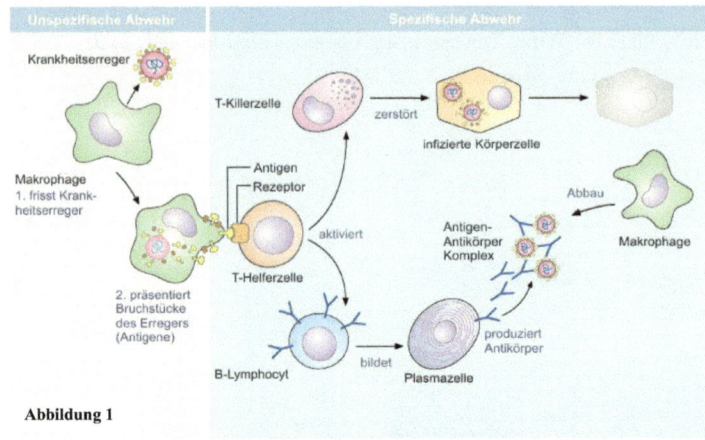

Abbildung 1

Cramer, Tonio: "Unspezifische und spezifische Immunabwehr".
http://www.nawitonic.de/110_immuneresponse_basic_modules.html, (letzter Zugriff: 05.07.2019).

In der Abbildung ist der allgemeine Ablauf einer Immunreaktion vereinfacht dargestellt.

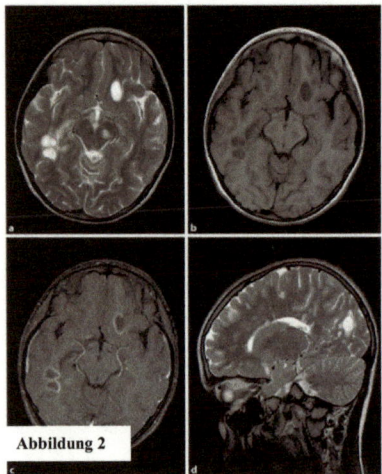

Abbildung 2

Blasdeck, A.; Huppke, P.; Küpfel, T.; u.A.: "Multiple Sklerose im Kindes- und Jugendalter", *Der Nervenarzt.* Springer Medizin, 12 / 2017, S. 1378.

Die weißen Bereiche in den MRT-Bildern a und d sowie die schwarzen Bereiche in Bild b und c zeigen die Läsionen, einer an der Multiplen Sklerose erkrankten Patientin, in Bereichen des Gehirns.

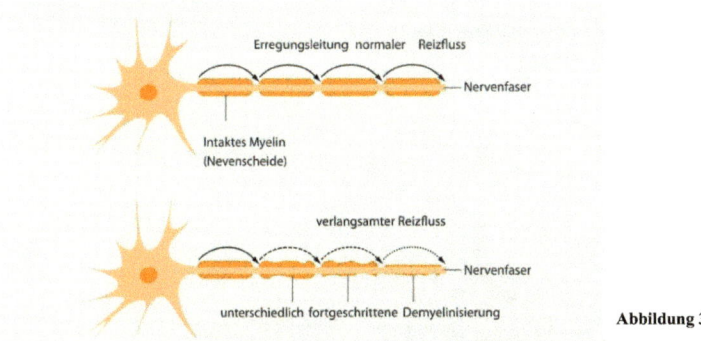

Abbildung 3

Novatis: "MS - Angriff auf das zentrale Nervensystem". https://www.msundich.de/fuer-patienten/ms-wissen/uebersicht/multiple-sklerose/angriff-auf-das-zentrale-nervensystem/, (letzter Zugriff: 05.07.2019).

In der Abbildung sind eine gesunde Nervenfaser (obere Darstellung) und eine durch Demyelinisierung geschädigte Nervenfaser (untere Darstellung) im Vergleich dargestellt. Durch den Abbau der Myelinscheiden erfolgt die Erregungsleitung nur langsam, da die Membranabschnitte des Neuriten nicht mehr übersprungen werden können.

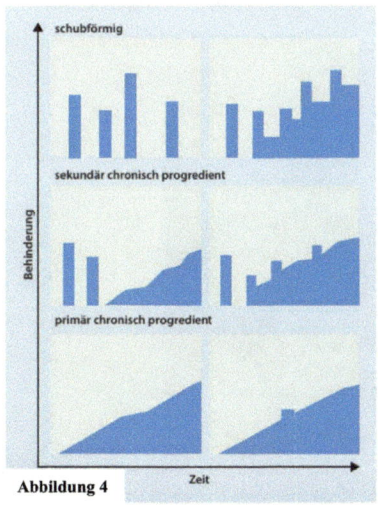

Abbildung 4

Dr. Voß, Elke; Dr. Witte, Torsten; u.A.: *Autoimmunerkrankungen in der Neurologie*. Springer, 2. Auflage, 2018, S. 12.

In der Abbildung sind die Verlaufsformen der Multiplen Sklerose in Form eines Diagramms veranschaulicht. Dabei wird der Grad der Behinderung in Abhängigkeit von der Zeit dargestellt.

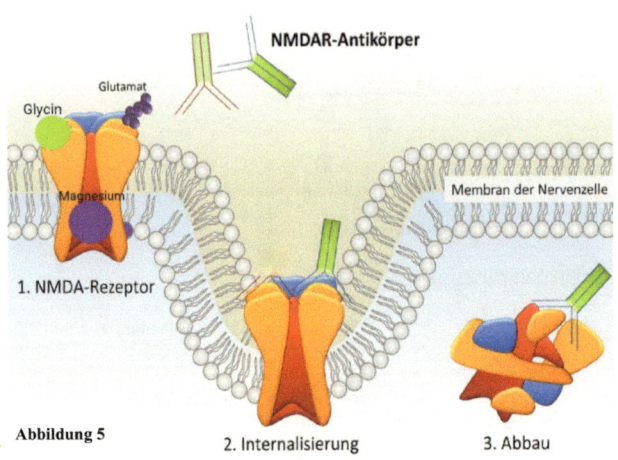

Abbildung 5
1. NMDA-Rezeptor
2. Internalisierung
3. Abbau

Lang, Katharina; Dr. Prüß, H.: "Anti-NMDA-Rezeptor-Enzephalitis - eine wichtige Differenzialdiagnose", *InFo Neurologie & Psychiatrie*. 18 / 2016, S. 41 [verändert].

In der Abbildung ist der Bau des NMDA-Rezeptors dargestellt. Die NR1- und NR2-Untergruppe sind ebenfalls durch die Liganden Glycin und Glutamat zu erkennen. Die durch Autoantikörper vollführte Internalisierung und der anschließende Abbau des NMDA-Rezeptors sind zusätzlich abgebildet.

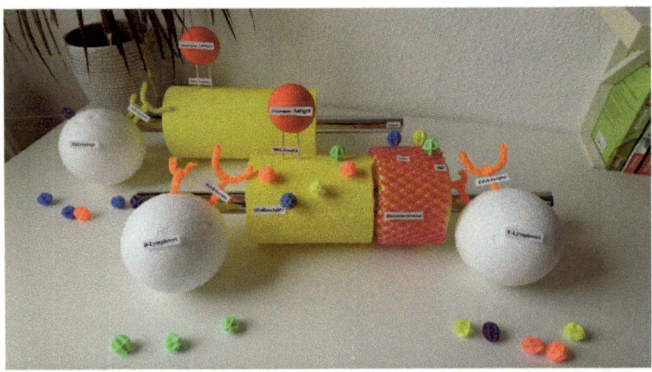

Eigenaufnahme: Modell: „Demyelinisierung eines Neuriten durch eine Autoimmunreaktion – Multiple Sklerose"

BEI GRIN MACHT SICH IHR
WISSEN BEZAHLT

- Wir veröffentlichen Ihre Hausarbeit,
  Bachelor- und Masterarbeit

- Ihr eigenes eBook und Buch -
  weltweit in allen wichtigen Shops

- Verdienen Sie an jedem Verkauf

Jetzt bei www.GRIN.com hochladen
und kostenlos publizieren